不要把我活吃了

DoN'T eaT Me ALiVe!

Gunter Pauli

冈特·鲍利 著

李康民 译 李佩珍 校

U0351018

学林出版社

丛书编委会

主　任：贾　峰
副主任：何家振　郑立明
委　员：牛玲娟　李原原　吴建民　马　静　彭　勇
　　　　靳增江　田　烁　郑　妍

丛书出版委员会

主　任：段学俭
副主任：匡志强　张　蓉
成　员：叶　刚　李晓梅　李西曦　魏　来　徐雅清

特别感谢以下热心人士对译稿润色工作的支持：
高　青　余　嘉　郦　红　冯树丹　张延明　彭一良
王卫东　杨　翔　刘世伟　郭　阳　冯　宁　廖　颖
阎　洁　史云锋　李欢欢　王菁菁　梅斯勒　吴　静
刘　茜　阮梦瑶　张　英　黄慧珍　牛一力　隋淑光
严　岷

目 录   COntEnT

一条年轻的鲨鱼环顾大海四周，看见潜水员们游上游下。他想靠近去瞧一瞧。

A young shark looks around the ocean and spots divers swimming up and down. He wants to take a closer look.

……潜水员们游上游下……

...divers swimming up and down...

不要到那儿去！

Don't go there!

"不要到那儿去！" 正当他急匆匆地游过去时，一只龙虾发出了警告。

"为什么我不能去？有事情发生了，我得去看看！"

"我求你别去，这些人是来捕捞我们龙虾的。"

"Don't go there!" warns a lobster, as it hurries away.

"Why shouldn't I go? Something is going on, and I want to have a look."

"I beg you don't go, these people are out to pick up us lobsters."

"哼！龙虾是龙虾，我是鲨鱼！假如有人敢来烦我，我知道怎么自卫。"

"你不明白，这些人会把你活吃了。"

"Well lobsters are lobsters. I am a shark and know how to defend myself if someone bothers me."

"You don't understand, these people eat you alive."

我是鲨鱼，我知道怎么自卫！

I am a shark and know how
to defend myself!

你吃活鱼……

You eat fish alive...

"听听，这是谁在说话！"鲨鱼说，"我认识你这么多年，从我记事起，你就一直是吃活鱼的。"

"你也不见得好多少，你也是吃活鱼的！"

"嗯，但大部分时间我只是把鱼一吞而下，让我的胃来消化它们。"

"Listen to who is talking," says the shark, "I have known you for years and you have been eating fish alive as long as I can remember."

"You are not much better; you eat them alive as well."

"Mmmm, most of the time I simply swallow the fish and my stomach does the rest."

"我们的食物可能差不多，我们的命运也非常相似……都会被人类宰杀。"

"Our food may be similar, but our destiny is also looking very similar as well... killed by man."

······被人类宰杀······

...to be killed by man...

你们确实在海洋中攻击人类，
难道不是吗？

You do attack people in the open sea,
don't you?

"我们鲨鱼被杀害是因为人类害怕我们，但我们从来没有攻击过他们，而是他们攻击我们。"

"可你们确实在海洋中攻击过人类，难道不是吗？"

"我以鲨鱼的神圣灵魂担保，我们从来不主动攻击，除非先受到攻击，当然也有少数例外。"

"We sharks are being killed because people are afraid of us, but we never attack them, they attack us."

"You do attack people in the open sea, don't you?"

"On the honor of the shark soul, we never attack unless attacked, but of course there are a few exceptions to the rule."

"好吧，之前你可能被误认为是攻击者而受到攻击，但现在，人类会为了你的软骨而杀掉你。"

"我的什么？我的软骨？那是什么？"

"你的鳍是软骨构成的，有些人相信吃了你的鳍会使他们变得强壮而健康。"

"听起来他们对我的鳍的看法，就像对海参、海狮一样愚蠢。这是真的吗？是谁把这些疯狂的念头塞进人类头脑的？"

"Well, before you might have been attacked by being mistaken for an attacker, but now they will kill you for your cartilage."

"My what? My cartilage? What is that?"

"Your fins are made up of cartilage and some people believe that they get strong and healthy by eating your fins."

"It sounds like they have the same stupid ideas about my fins as with sea cucumbers and sea lions. Can that be true? Who puts these nutty ideas in human's minds?"

我的鳍，海参和海狮……

...my fins, sea cucumbers, and sea lions...

他们把我活活煮死！

They boil me to death!

"你最好快游开，我的朋友，这些人类猎手会杀了你，只割下你的鳍，然后把你扔回大海，任由那些饥饿的动物吃光你的身体。"

"哎，在加拉帕戈斯群岛，海里的动物没有挨饿的，有足够的食物供大家享用。"

"唯一永远不满足的就是人类，他们把我当鲜货出售，然后把我活活煮死。"

"You better swim my friend since these human hunters just kill you to get your fins and leave your body to be eaten by anyone who is hungry."

"Look, in the Galapagos Islands no one in the water is hungry; we have enough food for all."

"The only ones who don't think they have enough are people. They sell me alive, and then they boil me to death."

"活活煮死……我们快点游吧，离开这里。"

……这仅仅是开始！……

"Boiling to death... Let's swim fast and get out of here."

... AND IT HAS ONLY JUST BEGUN! ...

……这仅仅是开始！……

... AND IT HAS ONLY JUST BEGUN! ...

你知道吗？

DID YOU KNOW THAT...

加拉帕戈斯群岛从未与美洲大陆相连。它们是由海底火山喷发形成的。这些岛屿的生态特点、它们的孤立性以及被刻意保护的状态，使这些岛屿形成了一片独特的土地和海洋生态系统。

雌龙虾一次能产数千颗卵，正常每两年产一次卵。年幼的龙虾开始游动，并任凭着自己随洋流漂流五个星期。结束自由漂流，它们就在海底定居下来。它们在海底生长，按时蜕壳。假如龙虾没被抓住，没有被人或其他捕食者吃掉，它们可以活 50 年。

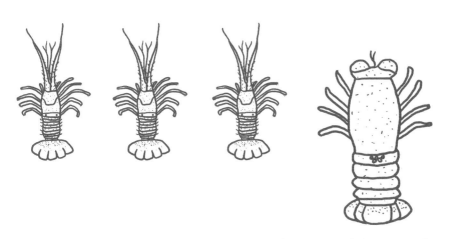

在加拉帕戈斯群岛海域有四种龙虾，它们都没有螯。它们是红色多刺龙虾、浅蓝多刺龙虾、热带岩龙虾和中国龙虾。一只龙虾的长度是从它头的前端量到甲壳尾柄的后端（虾壳包着龙虾的全身）。在市场上出售得最多的是红色多刺龙虾。

鲨鱼的视力并不太好。它们利用身体两侧的细胞探测信息，并随着水流变化改变自己的运动方向。

最为人熟悉的鲨鱼有大白鲨、蓝鲨、鲸鲨、虎鲨、牛鲨和双髻鲨。人类最怕的是大白鲨，最不怕的是鲸鲨。

大多数鲨鱼攻击人类的事件是鲨鱼把人误当作它们平常的捕猎对象（即海洋生物）时发生的失误。只有 5% 的鲨鱼攻击过人类，全世界每年鲨鱼攻击人类的事件不超过 30 次。但人类总是捕杀鲨鱼，基本上只是为了割下它们的鱼鳍，做成鱼翅汤。

想一想   THINK ABOUT IT...

你觉得龙虾见到潜水员在水面上游泳会非常害怕吗?

为什么鲨鱼认为自己不会出什么事?

活的龙虾煮熟后被人吃掉,你认为他会有什么感受?

你认为到最后谁更害怕:龙虾还是鲨鱼?

自己动手！ DO IT YOURSELF!

　　做一点有关鲨鱼的研究：它们的食物、体型还有行为。然后任选材料画一张图，给你的朋友和家人看一看你画的鲨鱼并介绍它们的特点。

学科知识
Academic Knowledge

生物学	(1)甲壳类动物的栖息地。(2)过度捕捞螃蟹和龙虾。(3)软骨：鲨鱼鳍的结构材料。(4)鲨鱼在黑暗中是如何感知变化和运动的？(5)自然法则总有例外。
化　学	(1)甲壳质和壳聚糖。(2)氮气和其在潜水时造成的风险。
物　理	(1)电子受体。(2)减压和如何下潜与上浮。
工程学	甲壳质转化为壳聚糖及其作为天然纤维用于外科手术缝合，甚至用作纺织原料。
经济学	价格是如何引发持续过度捕捞的。
伦理学	(1)每年有30起鲨鱼袭击人类事件，但每年有上亿条鲨鱼被人类杀害。谁应该被定位为攻击者？(2)把动物活活煮死。
历　史	罗马俱乐部和关于自然资源过度开发的场景构建。
地　理	鲨鱼生活在哪里？
生活方式	(1)滋补药和效果未经证实的医药产品。(2)烹饪活的动物。
社会学	鲨鱼是如何被影视业设计成一种侵略性动物的？实际上它只是一种肉食性动物，与从未被设计为危险性动物的狮子一样。
心理学	恐惧和克服恐惧的机制。
系统论	自然系统自给自足，也就是说，任何当地的可用资源都能用来保障基本需求（特别是食物）。

情 感 智 慧
Emotional Intelligence

起初，鲨鱼非常清楚他的强项。随着故事的发展，他失去了自信，并确实想和龙虾一起逃走。这意味着鲨鱼开始意识到他的局限性。鲨鱼一开始并未显示出焦虑或恐惧。他知道在正常情况下周围环境中的食物是充足的，所以没有理由去攻击。然而，当他了解到人类是唯一即使有足够的食物也从不满足的物种，而且人类只是需要他的鳍之后，鲨鱼决定，现在是去寻找安全水域的时候了。鲨鱼认同龙虾的感受，并与他保持着非常友好的关系。当龙虾批评鲨鱼也吃活鱼时，鲨鱼平静地做出反应。他们之间的谈话坦率而真诚，并且有一种要相互支持的明确愿望。鲨鱼仔细倾听龙虾的观点，公开和直接地讨论这些问题。他们看起来互相尊重。这种开放式的对话发展到这样一种状态，不仅在他们俩之间产生了共鸣，也使他们对与他们同命运的其他水下生物（例如海参和海狮）产生了同情心。

龙虾知道他可能最终会被煮死。他深知水中的危险大都是由人类造成的。但同时，龙虾也知道鲨鱼的过度自信也许会害了他自己。龙虾不怕鲨鱼，但他关心他的海洋同胞，并决定警告鲨鱼即将来临的危险——为了获取他的鳍，他会被人类杀掉。尽管我们不清楚龙虾为什么要这么做，但事实是，这样一种毫不利己的倡议使鲨鱼产生了共鸣。龙虾显示出了自控能力，尽管他也可能感到恐惧和焦虑，因为一旦被人逮住的话，他可能会被活煮。

思 维 拓 展
Systems: Making the Connections

　　加拉帕戈斯群岛被视作地球上最独特的地方之一，原因之一是那里的鲨鱼不攻击人。道理很简单，那里食物丰沛。最近非法猎取鱼翅的狂热行为导致大批被害鲨鱼的尸体漂浮在海面上。尸体和血液刺激了食肉动物的本性，造成灾难。鲨鱼软骨可治愈癌症是未经证实的传闻。不幸的是，很多人既不求证，也不需要任何证据就相信了这一说法。许多人会相信别人告诉的任何事，而且会爽快地掏钱，从而变相支持这种杀戮行为。杀害鲨鱼的行为很少会在公众面前造成负面反应，因为鲨鱼本身就被认为是杀手，这是好莱坞的发明。虽说会有例外，但其实鲨鱼并不攻击人。每年有记录的鲨鱼攻击人的事件不超过几十次。另一方面，仅仅是为了取乐或为了获取软骨，每年就有成千上万条鲨鱼被人杀害。杀死鲨鱼的案例不是一个孤立的事件，人类不断地大开杀戒，不需要理由，似乎他们认为合适就行。现在是到了该把所有物种看作是生态系统一部分的时候了，在这一生态系统里，我们是晚来的新物种之一。我们之所以仍然犯这么多错误的原因，是因为我们还没有意识到我们只是整个大循环的一部分。

动 手 能 力
Capacity to Implement

　　这是一个讨论的平台。写下 10 条你认为猎捕鲨鱼具有合理性的理由。然后，写出 10 条反驳意见，来说明为什么不应当猎捕鲨鱼，并尝试协调这些观点，使你有充分的理由选择站在哪一边。请注意你心里最终只能选择一种看法。动手能力基于你的推理分析能力，但它也让你容易在选择任一视角时受到影响。假如你把感情因素掺进逻辑推理方程中，那就没有剩下几项可供选择的了。现在组织辩论吧。

艺 术
Arts

我们在恐惧时会发出什么样的声音？让我们一起聚在空旷的地方，并喊出一切可能的声音，让人们清楚地知道，我们害怕有什么事情会发生在我们头上。然后，我们将发出第二轮呼喊声来引起人们注意。有些呼喊仅是出于友好目的，有些则出于恐惧。最后，如果我们没有办法用声带制造声音，我们将如何表达自己？我们如何能与他人沟通并表达我们的恐惧呢？

译者的话
Words of Translator

这个故事让我们思考，人类作为生态系统的一部分，应该如何担负自己的责任。生态系统里存在环境部分和生物部分，生物部分指生产者（所有绿色植物和化能细菌）、消费者（草食动物、肉食动物和杂食动物）、分解者（真菌和细菌）。在海洋生态系统中，鲨鱼无疑是海洋中的消费者，顶级的掠食动物。鲨鱼之所以被人类捕猎，先是因为有人爱吃鱼翅，现在则是有传言说鲨鱼软骨可以医治癌症。于是人类就大开杀戒，使鲨鱼数量急剧下降，破坏了海洋的生态平衡。关键在于人类要作一番自我检讨。人类是地球上的新物种，尚没有学会如何适应整个星球上的大循环。要知道，没有了生物多样性，也就没有了人类生存的空间。

故事灵感来自 **帕特西亚·萨拉特·布斯塔曼特**

Patricia Zárate Bustamante

帕特西亚·萨拉特出生在智利，就读于北方天主教大学，1994年获得海洋科学学位。1997年，她以海洋生物学家的身份获得专业技术职称。

1998年，她受聘于智利当地的渔民技工联合会，参与由渔业技术合作社管理的一个项目的研究开发和评价工作。同时，帕特西亚担任渔业发展研究所的研究员，为从事传统捕捞的渔民举办培训讲习班，教他们基本的生物学、生态学以及管理渔业资源的抽样技术。

2000年7月，她成为海洋保护与调查部的研究人员，在位于厄瓜多尔的达尔文研究站工作。她曾担任参与式管理委员会会议和交际交流管理局的顾问。目前，她正负责的一个项目是在群岛最重要的筑巢海滩上，监测绿海龟的繁殖活动。她也积极参与对栖息在海洋保护区的鲨鱼的保护工作，并帮助鉴别和收集这些动物被非法捕捞时留下的生物信息。

出版物

*CARWARDINE，Mark y WATTERSON，Ken. The Shark-Watcher's Handbook：A Guide to Sharks and Where to See Them. Princeton University Press，2004.

*CARWARDINE，Mark. Shark. Firefly Books，2004.

*COUSTEAU，Jean-Michel. Cousteau's Great White Shark. Harry N. Abrams，1995.

网页

*http://www. darwinfoundation.org

*http://www.el-mundo. es/cronica/2004/444/1082380604. html

*http://www. nationalgeographic.com

图书在版编目（CIP）数据

不要把我活吃了 /（比）鲍利著 ；李康民译 . ——
上海 ：学林出版社，2014.4
（冈特生态童书）
ISBN 978-7-5486-0651-2

Ⅰ . ①不… Ⅱ . ①鲍… ②李… Ⅲ . ①生态环境 –
环境保护 – 儿童读物 Ⅳ . ① X171.1-49

中国版本图书馆 CIP 数据核字 (2014) 第 020982 号

————————————————————————————————————

© 1996–1999 Gunter Pauli
著作权合同登记号 图字 09-2014-041 号

冈特生态童书
不要把我活吃了

作　　者——冈特·鲍利
译　　者——李康民
策　　划——匡志强
责任编辑——李晓梅
装帧设计——魏　来
出　　版——上海世纪出版股份有限公司学林出版社
　　　　　　（上海钦州南路 81 号 3 楼）
　　　　　　电话：64515005 传真：64515005
发　　行——上海世纪出版股份有限公司发行中心
　　　　　　（上海福建中路 193 号 网址：www.ewen.cc）
印　　刷——上海图宇印刷有限公司
开　　本——710×1020　1/16
印　　张——2
字　　数——5 万
版　　次——2014 年 4 月第 1 版
　　　　　　2014 年 4 月第 1 次印刷
书　　号——ISBN 978-7-5486-0651-2/G·215
定　　价——10.00 元

（如发生印刷、装订质量问题，读者可向工厂调换）